かがくだいすき

はっけん！ ミズカマキリ

湯浅　政治 ＝ ぶん・しゃしん

大日本図書

5月。田うえがおわると、里山(さとやま)は、春ほんばんをむかえる。
野山をつつむ、やわらかな日ざし。動きはじめる生き物たち。

田んぼのそばをながれるこんな小川にも、生き物たちはすんでいる。

　さあ、いっしょに里山(さとやま)の生き物さがしにでかけよう。

見つけた！
オタマジャクシだ。

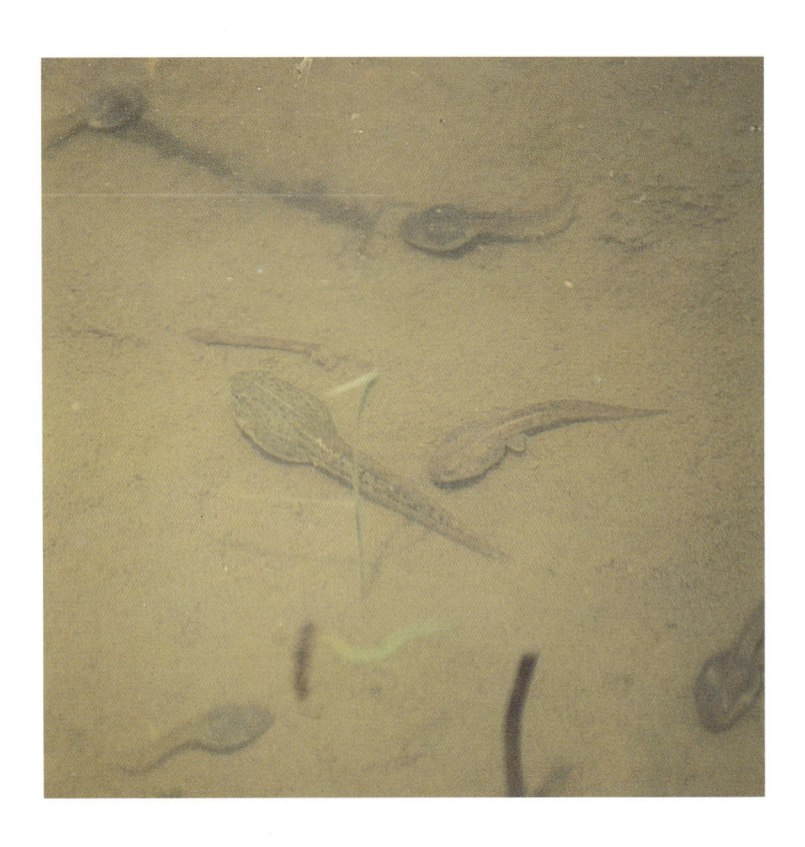

ほら，メダカもいる。

なにか動いている。
はっけん！　ミズカマキリ。

あみですくいあげると，2ひきもはいったよ。
この2ひきのミズカマキリを，持ちかえってかってみよう。

ミズカマキリのすがたを、じっと見てみると、するどい2本の前あし。まるで、はりのようだ。
　口だってとがっている。
　どうしてこんな形をしているのだろう。

あっ！
　前あしで、ヤゴをつかまえた。

　こんどは、オタマジャクシ！

　口をつきさしているよ。
　そうなのか、ミズカマキリの前あしと口は、えものをとらえて「たいえき」をすいとるためのものだったんだ。

ミズカマキリは，カマキリににているけど，カマキリのなかまじゃなくて，「カメムシ」のなかまなんだって。水の中にすんでいるのに，陸上にすむ虫のなかまだなんて，おどろいた。
　ほかにも水の中に，カメムシのなかまがいるそうだ。

　タイコウチもカメムシのなかま。
　あかちゃんだって，ちゃんとえものをつかまえるんだ。

大きい大きいタガメも，カメムシのなかま。
するどい前あし。
はりのようにとがった口。
どれもミズカマキリとおなじだ。

これは、タガメのあかちゃん。
ほら、もうえものをねらっている。

おや？
2ひきのミズカマキリが，おしりをくっつけている。
どうしたんだろう？
そうか，けっこんしき（交尾(こうび)）をしているんだ。
どっちがメスで，どっちがオスなのかな？

ミズカマキリのメスとオスの大きさくらべ

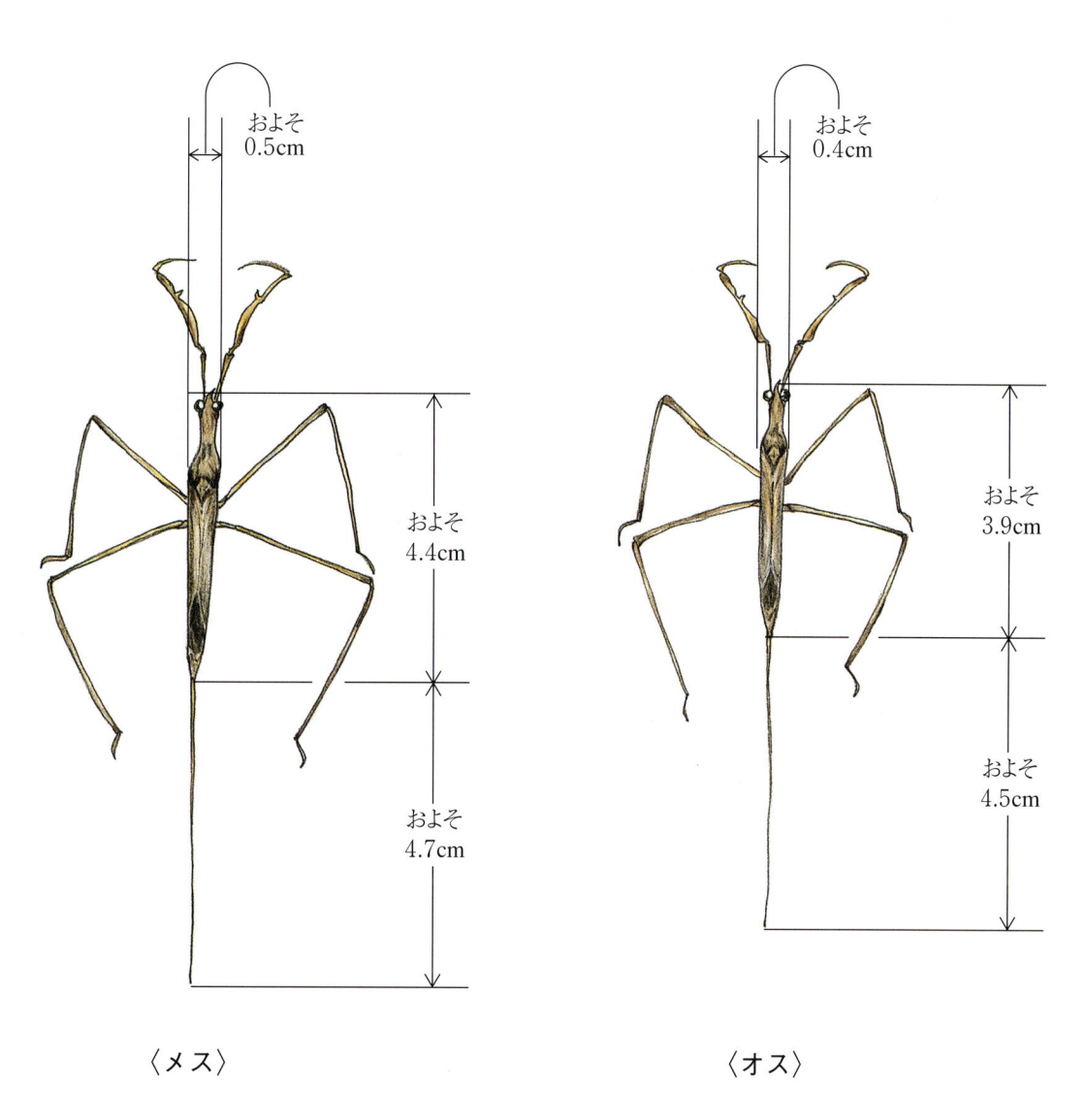

およそ 0.5cm

およそ 4.4cm

およそ 4.7cm

〈メス〉

およそ 0.4cm

およそ 3.9cm

およそ 4.5cm

〈オス〉

(この絵は, 実物とおなじ大きさでスケッチしました)

　ミズカマキリのメスとオスは, とてもよくにているので, くらべてみた。
　ほんのすこし, メスのほうが大きい！

さらに，かんさつをつづける。
　夜。
　ミズカマキリが，陸(りく)にあがってきた。

しばらくすると，しっぽをぴんと上にあげ，おしりを土にくっつけるようなしぐさをしはじめた。
あっ！
たまごをうみはじめた。

およそ
0.3cm

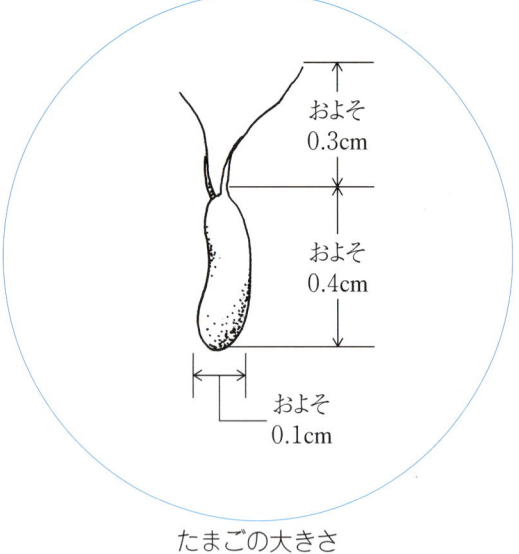

およそ
0.4cm

およそ
0.1cm

たまごの大きさ

　よく朝，たまごをうんだ所をさがしてみると，あった！　あった！

　小さな小さな，かわいいたまご。

このたまごから,どんなあかちゃんが,うまれてくるのだろう。
　うまれてくることを,「ふ化」というのだそうだ。
　ふ化までには,まだ日にちがかかりそうだ。
　それまで,わたしは里山の生き物を,さがしにいってくることにした。

はじめに見つけたのは、メダカ。

おなかを見ると、たまごをつけている。

すきとおっていて、小さなたまご。

水草の中に、2つの目がひかっている。

イトトンボのヤゴ！

水草にそっくりで、「てき」に見つからないようにしているよ。

青いイトトンボが、とまっている。

なんときれいなんだろう。青い宝石(ほうせき)のよう。

これはどうしたのだろう。
　ギンヤンマのヤゴが,「だっぴ」にしっぱいして,しんでいる。
　よく見てみると,はねがある。どうやらさいごのだっぴ(う化か)のとちゅうで,しんだようだ。
　もうすこしで成虫せいちゅう(トンボ)になれるところだったのに。

　めずらしいものを見つけた。タガメの幼虫ようちゅうのぬけがらだ。ギンヤンマのヤゴも,だっぴがうまくいっていたら,このようにぬけがらだけのはずだ。

　近くに大きくなったタガメが,まだいるかもしれない。

　いた！
　イモリをガッチリかかえこんで,ぜったいはなさないぞって,がんばっている。

17

里山が，夕焼けにそまり，夜をむかえようとしている。
夜，生き物たちは，どうしているのだろう。

おとうさんと，ライトを持って観察(かんさつ)にでかけた。
生き物たちの夜のようすはどうなのか，とてもたのしみ。

これは，ギンヤンマのヤゴのぬけがら。

　このヤゴは「う化(か)」にせいこうしたようだ。

　今度は，水草にとまっているオレンジ色のイトトンボをはっけんした。

　つづいて青いイトトンボ。

　昼間は，水べをとびまわっているトンボたちも，夜はしずかにはねを休めている。

田んぼのほそ長い水路を、ライトでてらした。

　あっ！　ミズカマキリが、カエルをつかまえている。

　ミズカマキリよりずっと大きいカエル。

　うわっ！　もっと大きなカエルのしがい。

　体長５センチメートルより大きそうだ。

　「たいえき」をすわれたらしく、体が白くなっている。

　いったい、だれにおそわれたのだろう。

　あたりをさがしてみた。

　いた！　タガメ。

　カエルをおそったのは、きっとこのタガメにちがいない。

　水草のかげにひそむ目が、するどくひかっている。

さて，ミズカマキリがたまごをうんでから20日目。

　そろそろあかちゃんが，うまれるころかな？

　観察をつづけていると，白いたまごの上のほうで，なにか動いている。

　あかちゃんだ！

　あかちゃん，たんじょう！

　ばんざーいって手をあげてるみたい。小さな小さな目もある。

　それにしても，なんて小さいんだろう。体長は，1センチメートルほど。

4

5

23

生まれたばかりのあかちゃんが，さっそくとくいのポーズでえものを，ねらっている。
　こんなに小さいのだから，エサはものすごく小さな生き物だろう。
　小さい生き物をとらえるネットをつかって，エサはどんな生き物を食べるか調べてみることにした。

プランクトンネットのつくり方

〈材　料〉　ほそいはりがね，太いはりがね，ビニールテープ，
　　　　　　女性用(じょせいよう)ストッキング（ふるいのでよい），糸，ぬいばり，
　　　　　　たけのぼう（直径(ちょっけい)1.5～2cm，長さ30～50cm）

〈どうぐ〉　ハサミ，キリ，ペンチなど。

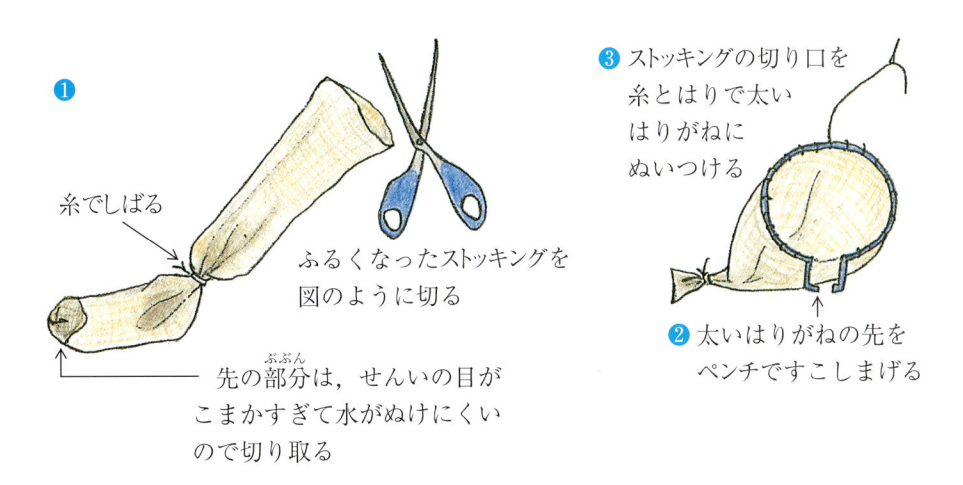

❶ 糸でしばる
ふるくなったストッキングを図のように切る
先の部分(ぶぶん)は，せんいの目がこまかすぎて水がぬけにくいので切り取る

❸ ストッキングの切り口を糸とはりで太いはりがねにぬいつける

❷ 太いはりがねの先をペンチですこしまげる

❹ たけのはしからおよそ5cmのところの左右2か所にキリであなをあける

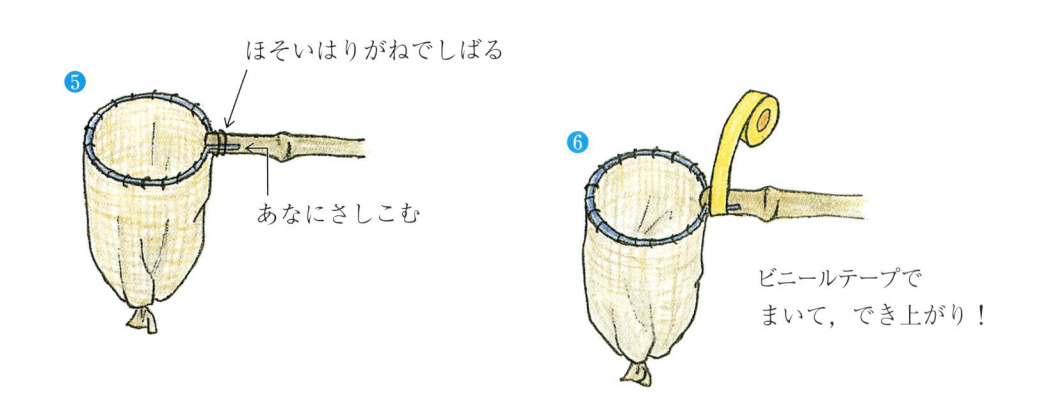

❺ ほそいはりがねでしばる
あなにさしこむ

❻ ビニールテープでまいて，でき上がり！

プランクトンネットは，さいこう！
水の中の小さな生き物がすくいとれた。
これらを，さっそくあたえてみた。
ミジンコ，ボーフラ，ユスリカ。
幼虫(ようちゅう)は，なんでもよく食べた。

　プランクトンネットを持ちあるき，ボーフラを見つけたら，すくいとる。エサになる！
　ボーフラを見つけると，おおよろこびなんて，なんだかおかしいよね。

幼虫が，へんなかっこうをしている！

生まれてから6日目のことだ。

体を，ぎゅっとおりまげて，洋服をぬぐように，「から」をぬいでいる。

1回目の「だっぴ」だ。

これを，2れい幼虫というのだそうだ。

幼虫の成長のきろく

1 れい幼虫　およそ1.0cm

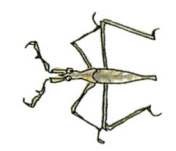

2 れい幼虫　およそ1.4cm

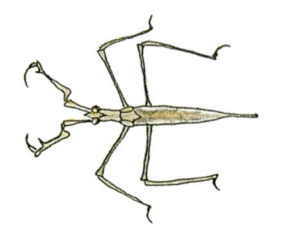

3 れい幼虫　およそ2.3cm

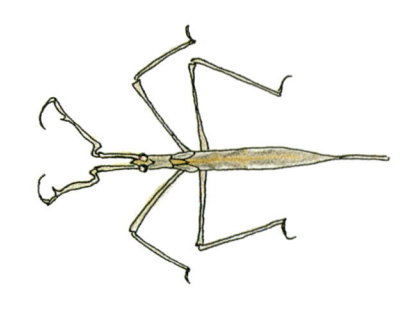

4 れい幼虫　およそ3.5cm

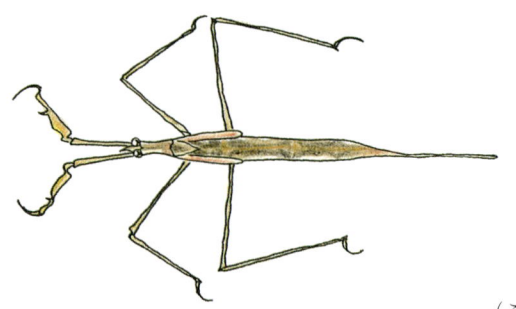

5 れい幼虫　およそ5.1cm

(この絵は，実物とおなじ大きさでスケッチしました)

このあと，幼虫は3回だっぴをくりかえし，5れい幼虫にまで成長したんだ。
　左の白い幼虫は，5れい幼虫になったばかり。右のちゃ色っぽい幼虫は，もうすぐ「う化」しそうだ。
　小さいはねのように見えるところが，オレンジ色になると「もうすぐ〈う化〉するよ！」という合図。「う化」すると，おとなだ。

　「だっぴ」にしっぱいした5れい幼虫が，エビに食べられている。
　生まれた幼虫が生きのこって，おとな（成虫）のミズカマキリになるのは，わずかだ。あとは，ほかの生き物のエサになってしまう。

1

2

「ふ化」から38日目。
ついに「う化」のしゅんかんがやってきた。
5れい幼虫が動かなくなってきた。
しばらくするとせなかが、われはじめ、そこからすこしずつ成虫の頭がでてきた。
そして、体ぜんたいが、「から」からぬけでると、ゆっくりと足をひろげはじめた。
まるでスローモーションを見ているようだ。
あんなに小さかったたまごから、こんなにりっぱな成虫になるなんて、なんだかしんじられない。

3

4

わたしは、おとうさんと水の生き物たちに、あさくて広い池をつくった。そこに、いままでそだててきたミズカマキリをはなした。

　ミズカマキリ、タイコウチ、タガメ、メダカ、ミズスマシ、ヤゴ。いま、この池では、いろいろな生き物たちが、たくさん見られる。

　みなさんも、家の近くや、学校の水べの生き物たちのようすを気をつけて見てみませんか。毎日毎日、観察をつづけることで、あたらしいはっけんがあるかもしれない。

　わたしは、ミズカマキリを"はっけん"したことで、水の生き物のいろいろなふしぎがわかってきた。

　ミズカマキリのエサのとり方、なんども「だっぴ」して大きくなっていくこと、どんな生き物でも生きるためのちえがそなわっていることなど、自然の中の生き物のふしぎを、はっけんできたことは、とてもたのしかった。

湯浅政治
（ゆあさまさはる）

1954年，三重県生まれ。新潟大学教育学部卒業。学生時代，フィールド調査などを通して，植物生態学，地質学，干潟の生物などについて学ぶ。現在，公立の小学校教諭。身近にある「里山」の生き物と自然とのかかわりについて観察をつづけている。
著書に「水生こん虫タイコウチの1年」（大日本図書）がある。

イラスト＝湯浅　翠
装幀＝東京図鑑

【かがく だいすき】
はっけん！　ミズカマキリ

NDC486.5

湯浅政治＝ぶん・しゃしん　　　2003年3月10日──第1刷発行
発行者＝金子賢太郎
発行所＝大日本図書株式会社
　〒104-0061　東京都中央区銀座1-9-10
　電話・(03)3561-8678(編集)，8679(販売)
　振替・00190-2-219

印刷＝錦明印刷株式会社　　製本＝大村製本株式会社

ISBN4-477-01560-7
©2003 M.Yuasa
Printed in Japan